DU DÉFRICHEMENT DES FORÊTS

ET DU

REBOISEMENT DES PARTIES INCULTES DU SOL,

PAR M. N. ALTMAYER,

Membre correspondant de l'Académie Royale de Metz.

Mémoire mentionné honorablement par l'Académie, dans sa séance du 16 mai 1842.

METZ.

S. LAMORT, IMPRIMEUR DE L'ACADÉMIE.

1842.

1843

MÉMOIRE

SUR CETTE QUESTION, MISE AU CONCOURS :

Quels sont les avantages et les inconvénients généraux ou spéciaux du défrichement des forêts? Quels moyens légaux pourraient assurer, pour l'avenir, le reboisement des parties incultes du sol?

(Extrait des Mémoires de l'Académie royale, année 1841-1842.)

> « Le voyageur qui parcourt la Grèce ne trouve,
> » à la place des belles forêts dont les montagnes
> » étaient couronnées, des riches moissons que
> » récoltaient des nations industrieuses, et des
> » nombreux troupeaux qui fertilisaient les cam-
> » pagnes, que des rochers décharnés et des sables
> » arides; il cherche vainement plusieurs fleuves
> » dont l'histoire a conservé les noms; ils sont
> » effacés de la terre. »
>
> (MIRBEL. — *Physiologie végétale.*)

En essayant de répondre à une question si importante pour la génération actuelle, et plus importante encore pour les générations qui doivent nous suivre, nous avons moins compté sur notre expérience que sur le désir de concourir, par nos faibles efforts, aux intentions d'une société savante qui a pris constamment l'utile pour but de ses travaux.

On nous pardonnera peut-être d'avoir eu recours à de nombreuses citations, dans un sujet où l'expérience et les observations des hommes versés dans les études agronomiques et forestières, peuvent seules faire autorité.

Avant d'appeler votre attention sur les avantages et les inconvénients du défrichement des forêts, nous ne croyons pas inutile d'indiquer sommairement les dispositions prises par la législation, à des époques antérieures.

La France était, il y a quelques siècles, sous le rapport forestier, à peu près dans la même situation que sont actuellement les Etats-Unis d'Amérique. Couverte de forêts qui, par leur étendue, étaient hors de proportion avec l'augmentation graduelle de la population, elle a senti que, pour satisfaire le premier et le plus impérieux de tous les besoins, celui de vivre, elle devait autoriser et encourager, même chez nos ancêtres, le défrichement des bois qui avoisinaient les habitations, pour en consacrer le sol à la culture.

Au neuvième siècle quelques précautions d'intérêt public furent prescrites par les capitulaires ; au treizième siècle remonte la date de réglements forestiers qui ne furent jamais exécutés. Ce ne fut que sous Louis XIV que Colbert, frappé déjà de l'état de dégradation qu'offraient les forêts par suite des guerres civiles, de l'ignorance et de la négligence des propriétaires, nomma une commission chargée de parcourir la France et de faire une enquête ; c'est alors que fut rendue l'ordonnance de 1669.

Pendant la révolution, et aux termes de l'article 6, titre I, du décret de 1791, chaque propriétaire était devenu libre d'administrer ses biens comme il l'entendait. L'abus que l'on a fait de cette liberté illimitée a motivé les restrictions de la loi du 9 floréal an XI. Cette loi, qui apportait des restrictions au droit de défrichement, fut rendue à une époque où l'on sentait le besoin de proclamer hautement les grands principes d'ordre si long-temps méconnus, et de mettre un frein à cet esprit de vandalisme qui pensait que destruction et régénération sont synonymes. Malheureusement, cette loi ne contenait pas de dispositions spéciales pour les bois situés en montagnes.

Aussi, la plupart des écrivains qui ont traité de l'économie forestière pensent que les lois en faveur des défrichements, promulguées à diverses époques, ont fait plus de mal que de bien, parce qu'elles ne distinguaient pas les circonstances où il était bon de défricher ; que l'état, en aliénant une partie de ses forêts, avec faculté de les défricher, n'a pu refuser aux particuliers ce qu'il se permettait lui-même ; que par suite des nombreuses permissions accordées pendant quelques années, le bois livré à la consommation a éprouvé une grande dépréciation dans son prix ; mais que le moment est déjà arrivé où ce prix ne tend qu'à s'accroître chaque année.

Peut-être n'a-t-on pas apporté assez de discernement dans les permissions accordées, peut-être aussi n'a-t-on pas assez songé, en permettant de détruire tant et de si belles forêts, que notre agriculture manquait moins de terrain que d'engrais, et que la disette de bois se ferait plus tôt sentir que celle des substances alimentaires dues à la culture du sol.

Démontrer les avantages généraux et spéciaux du défrichement des forêts, est une tâche difficile, en présence des inconvénients qu'ont amenés tant de défrichements inconsidérés, et dont nous sommes déjà appelés à connaître et à déplorer les funestes résultats.

Cependant, nous devons signaler parmi les premiers, celui de rendre moins froides et moins humides les contrées couvertes de forêts épaisses et d'une grande étendue, de faire cesser dans les situations basses et humides, en donnant plus de liberté à la circulation de l'air, les gelées blanches et les brouillards si désastreux pour le cultivateur ; et, parmi les avantages spéciaux, celui de livrer à la culture des plantes alimentaires ou propres aux arts et à l'industrie, un terrain fertile, susceptible de fournir, pendant une certaine série d'années, sans addition d'engrais, des produits riches et nombreux. L'intérêt privé, l'intérêt du moment n'ont su que trop user et abuser de ces avantages, pour que nous nous arrêtions long-temps à les signaler.

Quant aux inconvénients généraux, nous devons entendre sans doute par ces mots, les résultats du défrichement des forêts, lorsqu'ils tendent à frapper de stérilité, dans un temps plus ou moins éloigné, non-seulement le sol qui supportait ces forêts, mais encore les contrées voisines, en privant ces dernières de leurs abris naturels, en tarissant la source des fontaines et des ruisseaux qui entretenaient la fraîcheur si favorable à la végétation.

Ces inconvénients, si funestes dans les pays de plaine, dans les terres légères et sèches, en détruisant les obstacles que les forêts opposaient à la violence des vents, sont bien plus déplorables encore, lorsque les défrichements ont eu lieu sur le plateau ou le versant des montagnes.

On ne peut s'occuper de la question qui nous est soumise, sans songer avec douleur aux effets désastreux du défrichement du sol forestier dans les montagnes, défrichement qui a anéanti à la fois et les bois qui les ornaient et les couches de terre végétale qui les couvraient, barbarie plus funeste que celle des sauvages, qui se contentent de couper l'arbre sans détruire le sol qui l'a nourri.

Le défrichement des forêts situées sur les montagnes, tout en détériorant à jamais le sol qui les portait, présente d'autres inconvénients non moins déplorables : le tarissement des sources entretenues jusqu'alors par les bois ; les variations subites dans les phénomènes athmosphériques ; les sécheresses du sol ; les inondations plus fréquentes et plus fortes dans les plaines et les vallées. Les eaux n'étant plus retenues et ne pouvant plus s'infiltrer lentement dans un sol dénudé, ne charrient plus dans le lit de nos rivières qu'elles tendent à combler de jour en jour, que des sables et des graviers qui frappent de mort les gazons des prairies, et apportent aux populations riveraines de nos fleuves la ruine et la désolation.

Ces inconvénients du défrichement des forêts, moins sensibles dans les vallées des terrains secondaires, présentent des effets funestes dans les régions élevées et dans les montagnes primitives. La destruction des forêts sur les Alpes et les Apennins, a produit (selon Baudrillart) de grands désastres dans plusieurs parties de l'Italie; on lui attribue un extrême dérangement dans le cours des eaux, les débordements et les atterrissements des rivières, l'envahissement, par les torrents, de plusieurs parties des Apennins, la formation des marais qui portent atteinte à la salubrité de l'air, l'abaissement de la température, qui menace plusieurs cultures, et notamment celle de l'olivier; enfin une grande diminution dans les produits, et, par suite, dans la population, qui était si nombreuse autrefois qu'elle est encore un sujet d'étonnement.

Depuis trente ans les autorités des départements méridionaux font une vive peinture des désastres qui affligent ces contrées. Nous ne pouvons, pour les mieux signaler, que recourir au tableau qu'en a fait un ancien préfet des Basses-Alpes. Suivant le Mémoire de M. Dugied, administrateur aussi éclairé qu'habile observateur, on évalue la contenance des terrains improductifs dans le département des Basses-Alpes, à 430 613 hectares, ce qui forme plus de la moitié de sa superficie. A une époque ancienne, la majeure partie de ces terrains était couverte de forêts, et alors la température de la Haute-Provence était plus douce, ses eaux mieux dirigées, et ses vallées moins encombrées. La fertilité de cette province était remarquable.

Aujourd'hui, les montagnes de ce pays sont presque

toutes déboisées et sans pâturages, et les terres des vallées sont, pour la moitié au moins, emportées par les torrents. Rien de plus hideux que ces monts hérissés de rochers nus et noirâtres, et rien de plus affligeant que le spectacle des vallées jadis couvertes des meilleures terres, et aujourd'hui couvertes de cailloux dans toute leur largeur, et sillonnées seulement par quelques minces filets d'eau.

En apercevant, pour la première fois, ces vastes lits de cailloux, on se demande quelle puissance inconnue a pu y amener tant de débris : mais lorsqu'on s'élève sur les hauts sommets, et que l'œil, après avoir embrassé les monts les moins élevés, pénètre jusqu'au fond des vallées, alors le voile qui couvre la cause de tant de ravages se soulève, et l'on reconnaît que l'homme est le principal auteur de la désolation qui règne autour de lui.

Cette déplorable situation a deux grandes causes : la destruction des bois sur les montagnes, et le défrichement du sol.

Les bois attiraient et retenaient les nuages qui se résolvaient en rosée, et dont les eaux, pénétrant jusqu'aux réservoirs intérieurs, alimentaient les sources et tenaient les rivières à un niveau presque constant. Par le déboisement, la double attraction des forêts et des sommets a été détruite ; la première n'existant plus, la dernière ne suffit pas pour retenir les nuages ; ils obéissent aux vents et portent ailleurs le tribut de leurs eaux.

C'est ainsi que l'on passe, dans les Alpes, des mois entiers sans recevoir de pluie : mais tout-à-coup les nuages arrivent de tous les points de l'horizon, s'entassent comme pressés par des vents opposés et fondent en torrents qui entraînent tout dans leur cours.

La destruction des forêts dans les Pyrénées n'a pas été, selon Dralet, moins rapide ni moins désastreuse. En 1821, M. Stanislas de Belleval a signalé à l'attention du gouvernement le danger du déboisement et du défrichement des montagnes, et a attribué à ces causes les ravages occasionnés par la Durance et surtout par le Rhône.

C'est sans doute aussi à ces mêmes causes que nous devons attribuer ces inondations terribles qui, depuis quelques années, désolent nos départements du Midi, et plongent dans le deuil et la désolation des populations entières.

Si les montagnes jouent un grand rôle dans l'agriculture, si elles influent prodigieusement sur les produits et la culture des pays mêmes qui en sont éloignés, cette influence est due surtout aux forêts qui les couvrent. Plus les montagnes sont élevées et les pluies abondantes, plus la superficie de leurs pentes est exposée à être entraînée par les eaux dans le fond des vallées, plus est grand le danger des défrichements qu'on y a si inconsidérément pratiqués, et plus est urgente la nécessité de s'occuper de leur reboisement.

Ce n'est pas seulement dans les hautes régions montagneuses que le défrichement des forêts a influé d'une manière fâcheuse sur la température et le climat des bassins et des vallées, changé l'ordre des saisons et amené les fléaux qui enlèvent ou détériorent les récoltes. Et bien que les montagnes soient des abris naturels, elles le sont plutôt lorsqu'elles sont couronnées de forêts; car les changements survenus à la surface du sol influent d'une manière funeste ou favorable sur l'action des vents et des météores atmosphériques.

Ainsi, quand les environs de Narbonne étaient couverts de marais et de bois, le vent desséchant du nord-ouest améliorait l'air et méritait des autels qui lui furent élevés dans cette ville, par les Romains, sous le nom de Circius; mais aujourd'hui que les marais et les bois ont disparu, le même vent, en enlevant l'humidité nécessaire à la végétation, est devenu un des plus grands fléaux du pays *.

Quoiqu'offrant un résultat moins terrible et dont les effets ne s'étendent pas aussi loin, le défrichement des bois sur les montagnes ou collines moins élevées que les montagnes granitiques, n'en a pas été moins funeste aux contrées voisines, en faisant disparaître le bois de charpente, en diminuant d'une manière alarmante la masse du combustible, en affaiblissant les sources d'eau, en ravivant les pentes, en détruisant l'effet des abris.

Il n'est point de voyageur qui n'ait pu acquérir la preuve de ces faits, et qui n'ait pu se convaincre que, par suite de la destruction des abris que la nature semblait avoir créés pour favoriser certains produits du sol, on a dû renoncer, dans beaucoup de localités, à des cultures avantageuses auparavant. Ainsi, pendant la révolution, aux environs de Paris, il a fallu abandonner, dans le vignoble d'Argenteuil, la culture du figuier que favorisait, jusqu'à l'époque de sa destruction, un bois situé à l'extrémité de la montagne de Sanois, et qui alimentait plusieurs sources aujourd'hui taries **.

La plupart des départements de la France nous fourniraient plus d'un exemple où la destruction des bois a forcé de renoncer à la culture de l'olivier, du maïs et de la vigne, et où, avec le même plant et le même travail, les produits sont devenus de moindre qualité, par suite du changement des abris.

Ici nous sommes appelés naturellement à parler de l'effet du défrichement des forêts sur les sources et les cours d'eau. Nous ne devons pas dissimuler que, dans un écrit publié en 1839, le savant directeur de l'institut de Roville présente à cet égard des considérations qui ne

* Bozo.

** Taissier.

tendent à rien moins qu'à lever les scrupules qui pourraient empêcher encore le législateur d'accorder aux particuliers une liberté plus grande de disposer de leurs bois, et d'après lesquelles il attribue la diminution ou la disparition des sources non à la destruction des bois, mais au nivellement graduel du sol, causé par l'accumulation des terres que les eaux font descendre des hauteurs dans les vallées.

Ces considérations, présentées avec le talent qui distingue M. de Dombasle, bien que ne nous paraissant être que d'ingénieux paradoxes, nous ont engagé cependant à visiter le département de la Meurthe, où, comme dans les Vosges, la question qui fait l'objet de notre travail occupe vivement les esprits, depuis quelques années; où des hommes honorables, frappés des résultats funestes qu'amènent et l'avidité égoïste de quelques propriétaires, et la facilité avec laquelle le gouvernement a permis la destruction des forêts, ont réclamé chaleureusement contre ces abus, et signalé à l'attention de l'autorité le danger de l'interprétation donnée à l'article 220, n° 9, du Code, interprétation qui a, dans certaines localités, fourni à la ruse et à la mauvaise foi le moyen d'éluder les dispositions de la loi.

Il ne nous est pas permis d'exposer ici les réponses que l'on pourrait faire aux observations de M. de Dombasle; ce sujet nous entraînerait trop loin, et sera, nous l'espérons, traité bientôt par une plume plus habile.

Nous nous contenterons d'opposer au savant directeur de Roville l'opinion de Réaumur, de Buffon, d'André Thouin et de M. de Humbold (voir note *a*), et de citer quelques documents recueillis dans le département même de la Meurthe.

La forêt de Dommarie-Torrey, située dans la plaine qui forme un bassin entre les hauteurs de Sion, de Favières et de Goviller, entretenait constamment sur une grande partie de sa superficie, une humidité qui rendait souvent très-difficiles les transports de bois, et donnait à l'exubérance de cette humidité, diverses issues par lesquelles se formait une des trois branches du Brenom, qui, après avoir alimenté de nombreuses usines, va mêler ses eaux à celles du Madon, à une lieue de Vézelize.

Depuis cinq ans que la surface de cette forêt est découverte, le Brenom a perdu une de ses sources et a privé l'industrie du secours qu'il lui apportait jusqu'alors.

A Réchicourt-le-Château (arrondissement de Sarrebourg), après une coupe faite dans le canton de la forêt qui alimente les sources qui sont amenées dans ce bourg, les fontaines s'y trouvèrent presque toutes taries, chose qu'on n'avait pas remarquée auparavant (note *b*).

D'anciennes cartes déposées aux bureaux de la conservation, à Nancy, indiquent à peu de distance des ponts de Toul, à gauche de la grande route, un ruisseau avec le moulin qu'il faisait tourner : aujourd'hui que les forêts voisines ont disparu, il n'y a pas plus de vestiges du ruisseau que du moulin *.

Les effets produits par les forêts sur la formation et la conservation des sources, en attirant les nuages, en permettant à la pluie de s'infiltrer lentement dans le sol, en protégeant par un ombrage salutaire l'évaporation de l'humidité contre l'action des vents et du soleil, sont causés même par les plantes soumises à nos cultures annuelles, à un degré bien moins sensible, il est vrai.

Ainsi, de temps immémorial, les habitants du petit village de Domptail, situé à une lieue de Bayon, ont remarqué que, dans les étés les plus secs, les fontaines situées au penchant d'un coteau très-élevé, donnaient de

* Observations de M. Laurent, professeur à l'école forestière.

l'eau plus long-temps et en plus grande abondance, lorsque la surface du sol était couverte de céréales dans la partie supérieure, que lorsque, même pendant des années moins sèches, les champs étaient en jachère.

A sept kilomètres environ de Sierck, on a défriché, il y a quelques années, la forêt de Schirmette. Jusqu'alors les bois qui couvraient le sol de cette forêt entretenaient une humidité constante et favorisaient l'alimentation des sources et des ruisseaux. Aujourd'hui, trois fermes sont établies sur ce même terrain, et les fermiers se trouvent obligés d'aller chercher au loin l'eau nécessaire à leur exploitation.

Pour le voyageur qui a parcouru la partie du département de la Moselle qui comprend le pays de Bitche, il est hors de doute que les eaux vives qui alimentent tant d'usines dans les gorges de ces montagnes, doivent leur conservation aux forêts dont ces montagnes sont couvertes, et que là où il y a absence de bois, le volume et le nombre des ruisseaux sont bien moindres que dans la partie boisée.

Si, des inconvénients généraux, nous passons aux inconvénients spéciaux, nous devons signaler en premier lieu l'avilissement momentané du prix du bois pendant la fureur du défrichement, et son élévation forte et toujours progressive depuis cette époque, la dénudation et l'infertilité du sol forestier situé en montagnes, après une certaine série de récoltes.

Quant au sol forestier situé sur des pentes moins inclinées ou en plaine, des défrichements inconsidérés n'ont souvent livré à la culture, tantôt dans des localités basses qu'un sol glaiseux ou tourbeux, que l'on n'a pu débarrasser des eaux surabondantes, tantôt dans des confins plus élevés, qu'un sol léger et sablonneux, dont la superficie enlevée fréquemment par la violence des vents, laisse à découvert la racine des plantes.

M. Moll *, en parlant des nombreux défrichements opérés dans le Bischvald, sur un terrain pour ainsi dire en plaine, craint que, si une population nombreuse et intelligente ne vient pas remuer et féconder le sol privé de ses antiques forêts, cette partie de la Lorraine ne devienne une seconde Sologne; il croit qu'il ne serait pas impossible qu'en défrichant une aussi grande étendue de forêts, on n'eût tué la poule aux œufs d'or. Le sol du Bischvald est, selon M. Moll, éminemment propre à la venue du bois, mais rebelle à la culture routinière. Les terres, en général froides, plus ou moins fortes, quelquefois aussi légères, se battant par les pluies, formant croûte par les sécheresses, ne supportent pas les cultures d'hiver, et exigent des engrais fréquemment renouvelés, pour ne donner que de faibles produits.

A peu de distance des défrichements commencés dans cette forêt si belle de sa végétation luxuriante et de ses chênes séculaires, le même auteur a remarqué des terres anciennement défrichées et mises en culture, abandonnées depuis à cause de leur stérilité : cependant le bois qui les entourait était d'une belle venue.

En s'opposant à la proposition de M. Anisson-Duperron, qui n'était faite, selon M. Ladoucette, que pour favoriser quelques positions particulières, et les grandes fortunes établies sur les forêts, le député de Briey faisait observer que beaucoup de forêts défrichées en vertu de la loi de 1791, sont aujourd'hui incultes ou rapportent à peine les frais d'exploitation; combien donc ne devons-nous pas déplorer la situation que nous ont faite les erreurs ou la négligence des dépositaires du pouvoir, lorsque, cédant à des recommandations puissantes, ils ont sacrifié l'intérêt général à l'intérêt particulier!

* Voyage agricole dans la Lorraine allemande.

Avant de terminer le tableau des inconvénients du défrichement des forêts, nous ne pouvons résister au désir de rappeler ce qu'a écrit à ce sujet un homme qui, par son expérience et ses écrits, a rendu le plus de services à l'économie forestière et agricole, le respectable André Thouin.

« La terre, dépouillée dans une très-grande partie de la France, des forêts qui la couvraient autrefois, ne présente plus qu'une surface nue, que les nuages parcourent sans trouver d'obstacles qui les arrêtent et les résolvent en pluies.

» Le sol, exposé aux rayons d'un soleil brûlant, en est pénétré à une grande profondeur; les sources tarissent et les fleuves remplissent à peine le tiers de leur lit pendant l'été.

» Enfin, les vents n'ayant plus à parcourir ces immenses forêts sous l'ombre desquelles ils étaient rafraîchis, et où ils s'imprégnaient, pendant la belle saison, d'une humidité chaude qu'ils répandaient sur les campagnes, n'y portent plus la fraîcheur et la vie ; forcés, au contraire, de se diriger sur de grandes étendues de terrains brûlés par le soleil, ils s'échauffent et amènent avec eux le hâle et la stérilité.

» Considérons ce qu'était l'Amérique septentrionale à l'arrivée des Européens. La terre, couverte d'épaisses forêts dans la plus grande partie de son étendue, n'offrait à ses habitants qu'un séjour de frimas et de glaces pendant la moitié de l'année. Mais les Européens changèrent cet état de choses ; l'écoulement procuré aux eaux stagnantes, et plus encore les grands abattis de bois qu'ils firent près de leurs établissements, ne tardèrent pas à diminuer l'abondance des pluies, et par conséquent à dessécher le sol et à le rendre moins froid ; maintenant les Américains jouissent des avantages que leur ont procurés leur travail et leur industrie ; mais qu'ils se gardent de passer la ligne de démarcation qui règle la masse de bois qu'il convient de conserver pour avoir toujours la quantité d'eau nécessaire à la fertilité des terres ; qu'ils se gardent surtout de toucher à ces grandes forêts qui, par leur position, se trouvent à portée d'arrêter les nuages. »

Sans doute on a dû permettre le défrichement de quelques forêts dont le sol était susceptible d'être cultivé avec avantage, sans nuire aux contrées voisines ; mais cette mesure, appliquée à des terres de médiocre qualité que la nature ou la sagesse de nos pères avait conservées en forêts, n'a augmenté que momentanément la masse des produits agricoles. Après quelques années, les terres fertiles ont dû céder les engrais qui leur étaient destinés auparavant, aux terres défrichées et épuisées par une série de récoltes. Aussi nous paraît-il constant que dans les communes où l'on avait déjà assez de champs en culture, et où l'on a soumis à la charrue une grande étendue de terres médiocres ou mauvaises, auparavant couvertes de bois, la quantité des récoltes ne s'est pas beaucoup augmentée.

En vain nous fera-t-on observer, en faveur du défrichement des forêts, la quantité de terres que ce défrichement a livrées à la culture. La France possède plus de terres en culture qu'il n'en faut pour fournir le double de ce qui est nécessaire à sa consommation. Il suffit de jeter un coup-d'œil autour de nous pour nous convaincre que ce n'est pas le sol, mais les engrais, les capitaux, et surtout l'intelligence et l'activité nécessaires pour tirer un parti avantageux des uns et des autres, qui manquent à notre agriculture.

En détruisant tant et de si belles forêts, en dégarnissant nos montagnes de ces arbres de haute futaie, que des siècles d'efforts et de soins ne pourront remplacer désormais, on n'a pas songé que les forêts bannies des hautes cimes n'y remonteront jamais; on n'a pas réfléchi avec Buffon * que, « si les ouvrages de la nature sont toujours si parfaits, c'est que chaque ouvrage est invariablement un tout, et que la nature travaille sur un plan éternel dont jamais elle ne s'écarte, qu'elle prépare en silence les germes de ses productions, qu'elle ébauche par un acte unique la forme primitive de tout être vivant, qu'elle la développe, la perfectionne par un mouvement continu et dans un lieu prescrit. »

La main et l'intelligence de l'homme peuvent, à la vérité, venir en aide à la nature, seconder ses vues; mais il faudra des siècles pour réparer imparfaitement les maux qu'ont causés l'incurie et la négligence des hommes, leur avidité égoïste et sans prévoyance. Plus lente, plus incertaine que la nature, la raison publique ne remédiera au mal qu'à la longue, et n'y remédiera convenablement qu'en suivant les règles que nous indique cette même nature.

Ne nous lassons donc pas de répéter ce que Chéron disait déjà à l'assemblée législative : Que nous avons assez de terres en culture et que nous manquons de bois; qu'il faut du bois même pour cuire le pain; qu'on ne peuple pas les bois comme les moissons; qu'il faut un siècle pour former la poutre qui soutient notre toit; qu'il en faut deux pour faire tourner nos moulins et naviguer nos vaisseaux; rappelons-nous que c'est avec le produit de nos forêts que le peuple construit son logement, corrige la rigueur de l'hiver, cuit ses aliments; qu'il lui doit le manche de sa bêche, le corps de sa charrue et le bois qui porte le fer garant de sa liberté.

* Discours de réception à l'Académie française.

Quels moyens légaux pourraient assurer pour l'avenir le reboisement des parties incultes du sol?

« J'ai planté, mes enfants, après moi vous
» recueillerez; plantez à votre tour, et, plus
» heureux que moi, vous aurez la douce
» jouissance de répandre et de voir se pro-
» pager au loin le fruit de nos travaux. »

HÉRICART DE THURY.

Il y a déjà plus d'un demi-siècle que Rozier regardait comme la meilleure spéculation en agriculture, et digne d'un père de famille, de convertir en forêts toutes les terres incultes ou de médiocre produit, et surtout celles qui sont éloignées des habitations et d'une culture dispendieuse. Cultivez moins de superficie, mais cultivez mieux; cultivez la plaine, mais boisez les montagnes, et dans la plaine, détruisez le moins d'arbres que vous pourrez.

Ces avis que Rozier donnait à nos pères, Bernard de Palissy (note *c*) et l'immortel Olivier de Serres (note *d*) les donnaient à nos aïeux.

Si les conseils de ces illustres agronomes étaient sages et prévoyants, alors qu'il existait encore en France tant de belles forêts, combien ne le sont-ils pas aujourd'hui que l'utilité et l'urgence même des plantations est généralement reconnue!

Avant de nous occuper des moyens légaux qui pourraient à l'avenir assurer le reboisement des parties incultes du sol, nous ne croyons pas inutile de démontrer d'abord que les particuliers trouveraient dans les plantations, intérêt et profit pour le présent, et éprouveraient dans l'avenir le bonheur de s'être rendus utiles à leur pays, tout en accroissant la prospérité de leurs familles.

Car, malgré le zèle qu'apporte le gouvernement à la restauration des forêts qui lui appartiennent encore, malgré les repeuplements et les semis nombreux qu'il fait exécuter annuellement, ses efforts seraient insuffisants, si les propriétaires et les communes n'imitaient son exemple.

Malheureusement nous ne sommes portés que vers les améliorations dont nous devons jouir personnellement ; peu d'hommes songent à l'avenir de leurs familles, au bonheur de leur pays. Dans un siècle où l'égoïsme et l'amour de l'argent dominent, nous oublions que nous ne sommes qu'usufruitiers ici-bas ; nous oublions, pressés que nous sommes de nous procurer, pour le peu de moments que nous avons à passer sur cette terre, la plus grande somme de jouissances, que l'on peut trouver le bonheur en faisant celui d'autrui.

Rappelons donc aux hommes qui répugneraient à faire un sacrifice pécuniaire pour des plantations, parce qu'ils n'auraient pas l'espérance de vivre assez long-temps pour jouir de leurs produits, que la Providence, en créant cette grande variété d'essences de bois, semble nous indiquer celles que notre position et nos ressources nous permettent de cultiver le plus avantageusement. Rappelons ces paroles de Larochefoucault-Liancourt, que « celui qui emploie son temps et ses fonds à mettre en valeur des terres incultes, fait le bien des autres en faisant le sien, que le bonheur d'autrui est un élément de ses succès et de sa fortune ; que la masse des produits que donnent les terres jadis incultes devient une véritable richesse pour l'état, une nouvelle ressource pour la société consommatrice et commerçante. »

Et s'il est besoin d'exemples à l'appui de nos paroles, citons le succès obtenu par M. Héricart de Thury, dans ses belles plantations sur la montagne de Saint-Martin-le-Pauvre. Pénétré du principe qu'avec de la patience, de l'attente et de la persévérance on doit arriver à bien, il a su vaincre toutes les difficultés que lui opposait un sol varié dans sa construction, et ombrager d'une magnifique végétation d'arbres indigènes et exotiques une vaste étendue de terrain couverte auparavant de bruyères.

Citons les plantations effectuées avec tant de succès dans cette Champagne naguère si nue et si aride, l'immense avantage qu'elles procurent au sol environnant, et l'amélioration plus sensible encore du sol qui les porte. Enfin, l'exemple que nous a donné M. Bertier, de Roville, qui, sur les grèves nues des bords de la Moselle, est parvenu, au moyen de plantations en bordure et d'essences variées, à former de belles prairies et à se procurer en même temps et sur le même sol, auparavant improductif, des fourrages excellents et le bois nécessaire à la consommation de sa maison.

En songeant que depuis quelques années surtout, un grand nombre de propriétaires éclairés, dirigeant eux-mêmes leurs exploitations, trouvent du charme dans ces occupations, on doit espérer que, par d'honorables efforts et dans leur intérêt, sinon immédiat, du moins à venir, ils chercheront à couvrir d'arbres les terres incultes ou de médiocre produit. Et tout en rendant à leurs familles, et à la société en général, un service qui, pour n'être pas apprécié de suite peut-être, n'en fera pas moins bénir leur mémoire, ils procureront encore, dans une saison où les travaux de la culture sont nuls, des moyens honorables d'existence à ces nombreux ouvriers de nos campagnes que la misère entraîne si souvent à commettre des dégâts dans les forêts ; qui vont, à une époque où les travaux agricoles reprennent de l'activité, où leurs familles ont le plus grand besoin de leurs secours, expier dans les prisons les délits dont ils se sont rendus coupables pendant l'hiver

Tout en reconnaissant que les grands propriétaires peuvent seuls entreprendre, par un ensemble d'opérations bien méditées, les plantations des terrains vagues ou peu susceptibles de rendre de bons produits par la culture, nous devons insister près des petits propriétaires sur l'avantage qu'ils trouveraient dans des plantations successives, et par petites parties, à proportion de leurs économies annuelles et de leurs moyens pécuniaires (note *e*).

On nous objectera sans doute que le voisinage des arbres nuit plus ou moins aux récoltes des terres voisines, suivant leur rapprochement et leur position relativement à ces terres.

Cette objection est vraie dans quelques circonstances.

Mais on pourrait diminuer les effets nuisibles des plantations par des élagages, et surtout par l'ouverture de fossés séparatifs des deux cultures.

A cette influence, nuisible quelquefois, nous pourrions opposer l'influence si favorable qu'exercent les plantations d'arbres sur les productions de l'agriculture dans les plaines arides où, rompant le cours des vents brûlants et des bises froides, elles conservent au sol environnant un abri précieux et l'humidité si nécessaire à sa fécondité.

Nous ne parlons même pas des produits en bois de toute espèce si utiles au propriétaire. Car il est bien prouvé que les plantations en bordure, ou même en lisières de vingt à trente mètres de largeur, produisent, dans un temps et un espace donnés, moitié au-delà de ce que rend un égal espace de terrain, placé au milieu d'une forêt dont le sol est doué de la même fécondité.

Ajoutons encore le repos et la fertilité que la culture forestière rend à des terrains épuisés par les récoltes agricoles, l'avantage immense qu'elle procure aux terrains montueux et abruptes, en prévenant les éboulements, et l'encombrement du lit de nos cours d'eau.

C'est par des plantations, par des lisières d'arbres au bord de leurs champs, qu'au cap de Bonne-Espérance, les Hollandais sont parvenus à garantir leurs récoltes de ces coups de vent, si désastreux auparavant pour les cultures de la colonie.

Dans les sables de la Toscane, la culture des plantes économiques ne se fait qu'à l'ombre des grands arbres auxquels on marie la vigne.

Deluc rapporte que ce n'est qu'au moyen des plantations qu'on est parvenu à rendre les bruyères de la Vestphalie propres à la culture.

On reconnaît également les avantages des plantations en bordure, et dans le riche pays de Vaës, en Belgique, et dans la fameuse vallée d'Auge, en Normandie.

C'est surtout dans les régions froides que l'effet des plantations formant abri, est efficace. Ainsi sir John Sainclair assure que, par des clôtures en arbres bien entendues, on est parvenu, dans les îles Hébrides, à augmenter infiniment le rapport de 800 000 acres de terres.

Dans la partie sablonneuse du département de la Moselle, beaucoup de propriétaires doivent à la création de petites forêts artificielles, ainsi qu'aux plantations en bordure bien dirigées, le succès de leurs cultures. Beaucoup d'entre eux ont, par ce moyen, doublé la valeur de leurs prairies et pâturages, et créé dans des sables arides et de nul rapport des forêts entremêlées de bois blanc et d'arbres résineux, dont les premiers les couvrent en peu de temps de leurs déboursés.

Formons donc le vœu de voir des plantations d'arbres effectuées dans les pâturages, sur le bord des ruisseaux, dans les ravins creusés par les eaux, sur les coteaux et les éminences, sur toutes les terres enfin qui n'offrent aux propriétaires qu'un faible revenu.

L'utilité de l'alternation des végétaux sur le sol n'est plus mise en doute. On a maintenant acquis la certitude qu'un sol, épuisé par les produits agricoles, retrouve de nouvelles forces pour les produits ligneux, et que le taillis s'élève dans le sol le plus médiocre, mieux que dans le sol le plus productif.

La science de l'économie forestière a fait des progrès immenses; le mode des forêts artificielles dans lequel les Allemands nous ont précédés, résultat de longues études et de patientes observations, nous offre une direction sûre.

Il est juste de faire observer que plusieurs obstacles viennent arrêter les propriétaires prévoyants qui auraient l'intention de repeupler les terrains incultes par des plantations ou des semis d'arbres forestiers.

Telles sont l'impossibilité, dans plus d'une localité, de garantir les jeunes plants de la dent des bestiaux, vu le morcellement et l'enchevêtrement des propriétés, la faiblesse de la police rurale, la modicité du traitement des gardes-champêtres, leur impuissance presque réelle contre les inconvénients de la vaine pâture. Or, si la culture ou la plantation du sol doivent recevoir des améliorations importantes par le zèle éclairé des propriétaires, ces progrès, sous un grand nombre de rapports, dépendent entièrement des dispositions d'un meilleur code rural.

A cet égard nous devons considérer au premier rang, parmi les moyens légaux qui pourraient assurer à l'avenir le reboisement des parties incultes du sol, l'abolition de la vaine pâture et la révision de la législation relative aux gardes-champêtres.

Comme le garde-forestier, le garde-champêtre devrait savoir lire et écrire, être doué d'une santé robuste, d'activité et d'intelligence. La modicité du traitement que les fonctionnaires de cet ordre reçoivent dans la majeure partie des communes ne permet pas d'être rigoureux pour leur admission. Aussi ces places sont-elles réservées presque généralement à des vieillards infirmes, ou à des hommes peu capables : ce faible traitement empêche les propriétaires de rendre ces gardes responsables des délits qu'ils n'auraient pas constatés.

Beaucoup d'entre eux prétendent n'être chargés de constater que les délits ruraux exclusivement.

Cependant le peu d'étendue de certaines plantations, la faiblesse des ressources des propriétaires ne permettent souvent pas à ces derniers d'avoir des gardes particuliers; et, comme les bois sont, parmi les produits du sol, ceux qui donnent le plus fréquemment lieu aux délits, que les plantations d'arbres doivent fréquemment leur insuccès aux mutilations qu'exercent sur eux la dent des bestiaux, le désœuvrement des enfants et des vagabonds, et souvent encore la malveillance, il est bien à regretter que la législation ne règle pas d'une manière plus précise et les attributions et les devoirs du garde-champêtre, et ne le mette, par la fixation d'un traitement convenable, à même de remplir ses fonctions avec indépendance et activité (note *f*).

Bien que, des dispositions de l'article 16 du Code d'instruction criminelle, on puisse inférer que les gardes-champêtres ne peuvent se dispenser de surveiller les bois des particuliers, cet article laisse du doute dans quelques esprits, et un grand nombre de délits ne sont pas réprimés par suite d'une interprétation contraire ; les gardes-champêtres prétendent que par ces mots, « *le territoire pour lequel ils auront été assermentés,* » on doit entendre le territoire soumis à la culture ordinaire, et que, par cela seul qu'ils ne sont que *gardes-champêtres,* ils ne sont pas obligés de surveiller et de constater les délits dans les bois soumis au régime forestier et dans les plantations des particuliers.

Si la législation peut intervenir dans cette circonstance, d'une manière favorable, et seconder les efforts louables des propriétaires, ne peut-elle modifier aussi, dans l'intérêt des propriétaires mêmes, l'exercice rigoureux du droit de propriété, en portant la défense de défricher et de labourer les terres dont la pente serait au-dessus d'un degré d'inclinaison déterminé, à moins que des travaux de soutènement ne soient opérés préalablement? L'intérêt du propriétaire ne le porterait-il pas alors à user de sa propriété en la convertissant en bois? Ne pourrait-on favoriser cette plantation, soit par des primes d'encouragement, soit plutôt en exemptant de toute contribution pendant vingt ou trente années, non-seulement les terrains situés en pente, mais aussi les terrains en plaine, qui seraient convertis en forêts, et en accordant aux planteurs plus de facilité de se procurer dans les forêts domaniales le replant ou les graines nécessaires?

L'expropriation pour cause d'utilité publique, étant une nécessité sociale, un sacrifice commandé à l'intérêt privé par l'intérêt général, l'état ne pourrait-il recourir à cette mesure dans les localités où la croupe des montagnes est mise à nu par des défrichements antérieurs, dans les dunes qui menacent sans cesse de leurs envahissements, les contrées voisines, et où la volonté et les moyens d'exécution manquent au propriétaire?

En vain nous objectera-t-on que toute mesure législative portant restriction, soit au défrichement des forêts, soit à la culture du sol en pente abrupte, devient une grave atteinte portée au droit de propriété.

Entre le droit d'user et celui d'abuser, l'état doit intervenir. S'il peut, aux termes et en se conformant aux prescriptions de la loi du 7 juillet 1833, dépouiller, au nom de l'intérêt général, le possesseur du sol, en lui accordant une indemnité; si, dans un intérêt purement fiscal, il a le droit d'interdire la fabrication du tabac, et de défendre la culture de cette plante dans la majeure partie de nos départements; si on lui reconnaît le droit, pour cause d'utilité publique, et dans l'intérêt de la grandeur et de la puissance navale du pays, de racheter l'industrie de la sucrerie indigène, combien, à plus forte raison, n'aurait-il pas le droit de provoquer, par des mesures législatives, le reboisement des parties incultes du sol, aujourd'hui surtout que de toute part on se plaint de la disette et de la cherté du bois, que le prix de ce combustible est inaccessible à beaucoup de fortunes, et qu'une multitude de malheureux sont poussés, par la misère et la rigueur de nos hivers, à dévaster ce qui nous reste de forêts?

Quant aux terrains appartenant aux communes, dont chacun peut jouir, et qui ne peuvent recevoir d'amélioration d'après la législation qui en règle la jouissance, il se trouve dans le nombre de ces terrains, une grande quantité qui sont presqu'entièrement improductifs, et qui, par la dénudation du sol, n'offrent même pas un chétif pâturage.

Le partage, la vente ou la location par baux emphytéotiques, de ces terrains communaux, à charge de les mettre en nature de bois, serait un bienfait pour la société.

La création de commissions syndicales par département, arrondissement ou canton, composées des chefs d'administration départementale, de maires, d'agents forestiers, de propriétaires nommés par les conseils généraux, et chargées de désigner les pentes que la charrue ne devrait pas aborder, les terres incultes et les dunes, pour le reboisement desquelles les ressources des propriétaires seraient insuffisantes, deviendrait peut-être un moyen d'obtenir un ensemble de vues et de moyens qui permettrait au gouvernement, fort de l'opinion publique, d'agir avec plus d'assurance, alors qu'il n'aurait plus à lutter contre les préjugés égoïstes.

Ne pourrait-on, au moyen de pépinières royales, départementales, et même communales plus étendues, se procurer à moins de frais les arbres nécessaires à la plantation de nos routes royales, départementales et vicinales, des francs bords de nos canaux et rivières, des cimetières et places communales? L'état ne pourrait-il disposer, pour la surveillance et la conduite de ces travaux, du zèle, de l'intelligence et de l'activité des agents des ponts et chaussées, et de la voirie vicinale? L'état ou les conseils généraux ne pourraient-ils mettre à la disposition des sociétés d'agriculture des départements, quelques fonds pour offrir annuellement (comme le fait la société centrale d'agriculture de la Meurthe), des primes d'encouragement à tout garde-forestier, propriétaire, ou même aux communes qui, dans le département, auraient semé, ou planté, avec un succès constaté par une durée de trois ans, la superficie la plus étendue; à ceux qui établiraient et entretiendraient avec soin une pépinière pour élever des arbres d'essences diverses et même des arbres exotiques; aux gardes-forestiers qui auraient effectué, dans les bois soumis à leur surveillance, les nettoiements les plus considérables et les mieux entendus; à ceux qui auraient repeuplé la plus grande étendue de clairières; enfin, et surtout des primes plus fortes, en raison des dépenses, des soins indispensables et de la difficulté du succès, à ceux qui seraient parvenus à boiser un plateau élevé, une pente rapide ou des sables mouvants, pourvu que l'étendue du terrain soit d'un hectare au moins.

La création de l'école forestière est sur le point de rendre des services immenses à notre silviculture. Déjà beaucoup de jeunes gens, sortis de cet établissement, appliquent avec succès, au sol forestier, leurs nouveaux systèmes d'aménagement et de repeuplement.

Malheureusement nous parlons beaucoup de nos lumières, de notre haute civilisation ; nous prétendons marcher à la tête des nations de l'Europe ; mais il n'en est presqu'aucune où les intérêts généraux soient si souvent méconnus, où les intérêts particuliers prennent tant de puissance, et où gouvernants et gouvernés, au milieu de toutes les discussions de chambres et de journaux, aient marché si souvent en aveugles et à rebours du progrès *.

Combien donc ne serait-il pas à désirer que nos instituteurs primaires, nos curés et desservants de campagne, fissent connaître aux hommes sur l'esprit desquels ils peuvent avoir tant d'influence, de quel intérêt est la question du reboisement des terres incultes, quels préjudices apportent non-seulement aux propriétaires, mais à la société en général, les délits commis dans les forêts et les plantations (note *g*) !

Combien ne serait-il pas à désirer surtout que les nombreux organes de la publicité, et principalement ceux de la presse départementale, qui portent au sein de nos populations tant d'opinions diverses et contradictoires sur les matières politiques, vinssent joindre leurs efforts à ceux des conseils généraux et des sociétés d'agriculture, et apportassent dans l'esprit des administrateurs et des propriétaires du sol, la conviction que, si la vie matérielle est si difficile aujourd'hui, si nos ouvriers industriels et agricoles ont plus de peine que jamais à coordonner leurs dépenses et leurs recettes, c'est à la cherté toujours croissante du combustible et du bois de service que nous devons cet état de choses ; que c'est au déboisement du sol que nous devons ces cours d'eau irréguliers qui entravent la marche de la plupart de nos usines ; que c'est aux

* Puvis (de l'Alternance des Végétaux sur le sol).

délits forestiers, et à l'impuissance de notre police rurale que nous devons attribuer la cause qui empêche beaucoup de propriétaires de s'occuper du reboisement des parties incultes.

Alors peut-être cet esprit de spéculation qui domine la société, mieux entendu et mieux dirigé, au lieu de se porter vers la destruction des forêts, se porterait vers leur repeuplement.

La question dont nous venons de nous occuper sera résolue du jour où beaucoup d'esprits généreux, qui cherchent le progrès de nos institutions exclusivement dans des utopies politiques, porteront leur attention et leur intelligence vers les intérêts matériels, du jour où nous serons pénétrés des bonnes méthodes de silviculture, de l'avantage que nous pouvons retirer de leur application à nos terres improductives, et où gouvernants et gouvernés, nous serons convaincus de la vérité de ce principe : Que le droit d'user n'est point celui d'abuser, que nous ne sommes qu'usufruitiers des propriétés substituées aux générations qui doivent nous suivre, à charge de les conserver et de les améliorer pour elles.

NOTES.

(*a*) M. de Humbolt, après un mur examen du lac Tacariga (province de Vénézuéla), attribuait, en 1800, la cause de la diminution des eaux de ce lac aux défrichements nombreux qui avaient eu lieu depuis un siècle dans la vallée d'Araga; vingt ans plus tard M. Boussingault a pu reconnaître l'exactitude de l'opinion du célèbre naturaliste allemand.

Par suite des guerres qui avaient ravagé, pendant ces vingt années, la province de Vénézuéla, les cultures abandonnées avaient laissé à la forêt, si envahissante sous les tropiques, le temps de reprendre une partie du terrain qu'elle avait perdu, et les eaux du lac avaient reconquis plus de la moitié de leur ancien lit.

(*b*) « Sous le rapport de la conservation des sources, j'ajouterai que, dans une excursion récente, dans les Vosges, j'ai été à même d'observer, sur plusieurs points, les fâcheux effets produits par les défrichements, ou, ce qui revient à peu près au même, par de vastes coupes faites à blanc. On en trouve un exemple dans l'arrondissement de Saint-Dié, sur la partie montagneuse de la forêt de Climont, dont le propriétaire actuel cherche à reboiser les pentes rapides avec un zèle aussi louable que persévérant.

» Dans la vallée de Saint-Amarin, les vieillards s'accordent tous à dire que, depuis le défrichement total d'une certaine portion des montagnes qui s'étendent de Thann à Wesserling, les pluies sont bien moins fréquentes qu'autrefois, et que la Thurex, cours d'eau jadis important, a beaucoup perdu aujourd'hui de son volume.

» Dans l'arrondissement d'Épinal, et à Épinal même, on se plaint d'une diminution sensible dans la quantité d'eau fournie par les sources. A Renaudvoid, il n'existe plus que deux étangs sur seize qui existaient avant 1789. »

(Gouy, *secrétaire de la section des forêts. — Société centrale d'agriculture de Nancy.*)

(*c*) En 1565, Bernard de Palissy s'élevait déjà contre le défrichement des forêts. « Cette mesure, disait-il, serait une malédiction et un malheur à toute la France. J'ai voulu quelquefois mettre par état les arts qui cesseroyent, alors qu'il n'y aurait plus de bois; mais quand j'en eus escrit un grand nombre, je ne sceu jamais trouver la fin à mon escrit, et, ayant tout considéré, je trouvay qu'il n'y en avait pas un seul qui se peust exercer sans bois. »

(*d*) « Pour à cela parvenir, est aussi nécessaire d'employer en bois une partie de vos meilleures terres, ce que sans regret ferez, quand considérerez quel bien procurerez à votre maison, la rendant par ce moyen de noble et agréable représentation, et pour toujours remplie de bois, au lieu de déserte qu'elle était auparavant, étant contraint pour la cuisine et le chauffage d'aller chercher au loin le bois à frais excessifs. Par lequel changement apperra le fonds employé en bois servir autant que celui qui travaille en blés ou en vins, vu que, sans aucune dépense, celui-là donne son revenu où celui-ci ne rapporte rien, sans emploi de semence et grande culture. »

Olivier de Serres.

(*e*) Nous ne pouvons, pour mieux faire ressortir l'intérêt que le propriétaire et le fermier peuvent trouver en même temps dans les plantations, que transcrire un passage du Guide du forestier de Monteath:

« Ne pourrait-on pas insérer dans les baux une clause qui obligeât le fermier à planter chaque année un certain nombre d'arbres pendant toute la durée du bail, et dans les endroits qui lui seraient indiqués par le propriétaire, ayant soin d'obliger le preneur à les entretenir et à les remplacer s'ils étaient détruits?

» Mais pour l'encourager à faire des plantations et à augmenter le nombre des arbres de haute-futaie, il faudrait stipuler qu'à l'expiration du bail les arbres seraient estimés par deux experts; que le propriétaire serait obligé de payer au fermier la valeur de ceux qu'il aurait plantés et élevés pendant la durée de son bail et qu'en cas de refus le fermier pourrait les vendre ou les abattre.

» En assurant ainsi au fermier son capital et les intérêts, on verra s'élever de grandes plantations qui, sans cet encouragement, n'auraient jamais existé. Outre l'avantage que retirera le fermier de l'ombrage si nécessaire aux pacages, il ne laissera pas un seul mètre de terre inculte dans sa ferme, et il plantera, dans les plus mauvais terrains, des arbres dont il sera sûr de retirer un bénéfice à la fin du bail. En même temps le propriétaire aura l'avantage de posséder une provision précieuse de bois de construction, qu'il n'aurait pas pu se procurer sans y intéresser son fermier.

» La terre de Crosse-Capple fut affermée, en 1777, pour trente-huit ans, par J. Davoson, moyennant 625 francs par an. On avait stipulé dans l'acte que le fermier ferait telles plantations qu'il jugerait à propos dans les terres qui ne conviendraient pas au labourage; qu'il pourrait en employer le produit, soit aux usages de l'agriculture, soit aux constructions qu'il aurait besoin de faire pendant la durée du bail. A l'expiration du bail, tout le bois devait être estimé par deux experts choisis, l'un par le propriétaire, l'autre par le fermier. Il était aussi expressément stipulé que, si les deux experts ne s'accordaient pas, ils choisiraient un tiers dont le jugement serait admis par les deux parties. Enfin, le propriétaire devait payer comptant au fermier, la somme déterminée dans l'expertise. Le bail étant expiré, le fermier désigna son expert et je fus choisi (dit Montéath) par les curateurs pour le propriétaire alors mineur.

» La valeur des arbres fut arrêtée à 25725 francs, que les curateurs payèrent à l'instant.

» Le total des fermages ne s'étant élevé qu'à 24700 francs,

le fermier a reçu 1 025 francs de plus qu'il n'avait payé pendant toute la durée du bail.

» Il est bon d'observer qu'après les dix premières années il avait assez de bois pour fournir à tous les besoins des bâtiments et de l'agriculture ; il faut remarquer aussi que dans notre procès-verbal nous avons supposé que le bois devait être coupé à l'instant et transporté au marché : aussi l'avons-nous évalué à 20 p. % au-dessous du prix auquel il se serait vendu quelques années plus tard.

» Le fermier ayant été libre, d'après le bail, de planter telles espèces d'arbres qui lui plairait, choisit à tort les pins d'Ecosse, tandis que, s'il avait planté des chênes ou des frênes qui auraient parfaitement convenu au terrain, il aurait presque triplé ses produits.

» Les bois étaient d'ailleurs parfaitement aménagés, et d'un âge à profiter chaque année beaucoup plus qu'ils ne l'avaient fait jusqu'alors en trois ans.

» Ces arbres, considérés sous le rapport de leur croissance et de l'agrément qu'ils donnaient à la propriété, avaient augmenté de 40 p. % la valeur du domaine. »

(f) Nous connaissons dans le département de la Moselle un propriétaire qui s'occupe avec quelque succès du reboisement des bruyères et des terres médiocres de son exploitation, dans une localité où les délits forestiers sont assez communs. Il ne doit sans doute le peu de dommages qu'il éprouve qu'à cette pudeur du peuple qui craint de faire du tort à l'homme qui, dans les moments où les travaux de la culture chôment, procure de l'ouvrage à de nombreux ouvriers. Deux fois seulement ses plantations ont été ravagées ; dans une nuit 400 peupliers de six ans et 120 environ d'un de ses voisins ont été sciés : les traces laissées sur le sol indiquaient que ce délit n'avait pas été commis par des ouvriers, mais bien par des personnes d'un rang plus élevé ; et qu'on ne devait l'attribuer qu'aux fonctions de répartiteurs que venaient de remplir ces deux propriétaires, fonctions dans lesquelles ils ont pu blesser un intérêt particulier.

(g) La seconde fois le désœuvrement avait entraîné quelques

enfants de la commune de Valmont à briser plusieurs arbres. Sur la plainte portée à M. Marron, instituteur de cette commune, ces enfants ont été, pendant huit jours, placés sur un banc particulier de l'école. L'instituteur, tous les jours, faisait une exhortation à ses élèves, en leur montrant combien ces sortes de délits étaient honteux pour ceux qui les commettaient, et combien ils pouvaient apporter de préjudice à leurs parents, responsables de leurs actions. Il est juste de dire que ces derniers, sur la demande du propriétaire, n'ont pas infligé de punition corporelle à leurs enfants, mais les ont mis pendant huit jours au pain et à l'eau.

Depuis cet exemple, les enfants de cette commune n'ont plus commis de délit de ce genre.

FIN.

www.ingramcontent.com/pod-product-compliance
Ingram Content Group UK Ltd.
Pitfield, Milton Keynes, MK11 3LW, UK
UKHW020216180726
13838UKWH00005B/2021

9 782329 447896